COUP D'OEIL

SUR LES

FORMATIONS VOLCANIQUES

DES BORDS DU RHIN.

(*Extrait des Annales des Mines*).

Par M. Jean Reynaud, Ingénieur des mines.

Les fragmens que nous publions ici sont extraits du journal d'un voyage que nous fîmes en 1829, mon ami Le Play et moi, dans une partie de l'Allemagne septentrionale. La contrée de l'Eifel n'étant pas habituellement fréquentée par les géologues français, nous avons pensé qu'il pourrait être utile d'éveiller leur attention sur un pays presqu'aussi voisin de nous que l'Auvergne, et qui, par la diversité de ses formations, la variété de leurs accidens et le pittoresque de leurs formes, mériterait assurément de jouir d'une célébrité pareille à celle du pays classique de la géologie volcanique. L'étude de ces terrains n'ayant été qu'un des buts accessoires de notre voyage, et, pour ainsi dire, un des détails de notre itinéraire, le résumé que nous pouvons en offrir est destiné à demeurer sur bien des points imparfait et incomplet; mais, si nous ne sommes pas assez heureux pour étaler toutes les richesses que recèle cet asile jusqu'ici peu exploré, nous espérons cependant en avoir assez retenu pour laisser entrevoir toute leur étendue, et encourager ainsi d'autres voyageurs à les visiter et à les recueillir. Le temps qui réglait notre marche ne nous a pas toujours permis de séjourner sur les localités importantes, autant que nous l'aurions voulu, et notre revue sera, comme notre course, souvent rapide, et peut-être aussi, comme notre observation, souvent un peu légère; mais si nous avons pu négliger quelques détails, nous tromper sur quelques autres, nous devons dire cependant que la généralité de cette esquisse géologique ne doit point être regardée comme dépourvue de tout caractère de certitude; les traits les plus marquans de cette notice se trouvent d'accord avec les utiles renseignemens qu'avant notre départ M. le conseiller Nöggerath voulut bien mettre à notre disposition avec la plus parfaite obligeance; et sans prétendre invoquer son nom en garantie des erreurs qui peuvent nous être personnelles, nous nous plaisons à nous rappeller ici que les souvenirs de sa précieuse conversation ne nous ont jamais quittés, et sont demeurés dans tout le cours de nos recherches nos guides les plus fidèles et les plus sûrs.

Nous dirons d'abord quelques mots de la formation intermédiaire qui borde le cours du Rhin entre Mayence et Cologne, et au-dessous de laquelle les roches ignées dont nous nous occupons ont en général fermenté avant de venir s'épanouir à la surface.

Le terrain est presque exclusivement composé de thonschiefer alternant quelquefois avec de la grauwacke, surtout vers les parties inférieures de la vallée du Rhin : en quelques points le thonschiefer devient très-schisteux et fournit à des exploitations d'ardoises. Sur la rive gauche, dans le pays de Call et surtout dans l'Eifel, le thonschiefer se rattache à la grande formation de calcaire de transition qui s'étend dans la Belgique, et jusque dans les Ardennes; dans le comté de la Mark, des grauwackes quartzeuses forment un passage tout-à-fait analogue entre le thonschiefer et les calcaires de transition qui supportent le terrain houiller. Les couches de thonschiefer, qui appartiennent à la partie la plus ancienne de cette formation, ne recèlent à notre connaissance aucun reste organique; les grauwackes présentent des empreintes végétales, et même, dans leur partie la plus voisine du calcaire, des productus et des polypiers; les couches de calcaire renferment une grande abondance et une grande variété de fossiles de transition.

Les groupes les plus remarquables, déterminés, à la surface de cette grande masse de roches intermédiaires, par le dépôt des formations sorties de l'intérieur, sont le *Sieben-Gebirge*, les environs du *lac Laacher* et l'*Eifel*; ces groupes quoique différens ont cependant entre eux des relations de succession qui font qu'il est difficile de ne pas les comprendre dans un même examen, surtout lorsque l'esprit tient compte de la similitude de leur origine souterraine et du voisinage de leur position superficielle.

Sieben-Gebirge.

Le groupe du *Sieben-Gebirge* situé sur le bord du Rhin, à deux lieues environ au-dessus de

Bonn, doit être principalement considéré comme formé de trachyte; on y trouve cependant une assez grande abondance de basalte, mais il y est moins fréquent que le trachyte, et ne paraît pas concourir comme lui à la formation des grandes montagnes. La surface présente un amas irrégulier de mamelons assez peu variés de formes et de hauteurs; depuis un temps immémorial on est habitué à y distinguer sept sommets principaux, mais on n'est pas d'accord sur la désignation des sommets qui ont le droit de prétendre à ce rang suprême, de sorte qu'il est impossible de savoir précisément quelles sont les montagnes qui ont valu à l'ensemble du groupe le nom de *Sieben-Gebirge* (*Sept-Montagnes*); au reste si les légendes sont singulièrement variables à l'égard de cette question, son importance est heureusement légère.

Le *Drachenfels* est la montagne la plus apparente du *Sieben-Gebirge*, et c'est elle qui frappe tout d'abord, bien qu'elle ne soit pas la plus élevée. Elle domine le Rhin par un immense escarpement, presque vertical, dont le pied est exploité et sert de carrière; la couleur blanche de la roche, qui est nue sur une grande étendue, contraste avec la nuance des autres montagnes qui sont toutes chargées d'épaisses forêts. La pâte du trachyte du Drachenfels est blanche, et caractérisée par l'abondance des gros cristaux de feldspath vitreux qu'elle renferme: la face miroitante et la base sont les faces dominantes. Ce caractère ne se retrouve que dans le trachyte du Œlberg qui présente avec celui du Drachenfels des analogies frappantes.

La pente du Drachenfels est en grande partie

formée par le conglomérat du trachyte: sa consistance et son état de décomposition varient beaucoup d'un point à l'autre; mais la plupart du temps on y distingue parfaitement des morceaux de trachyte de la grosseur d'une noix, souvent même de la grosseur de la tête, dans lesquels les cristaux de feldspath sont encore très-visibles, bien que la pâte soit souvent devenue argileuse. Les alluvions du Rhin, qui s'élèvent à une assez grande hauteur sur le flanc de la montagne, ne permettent pas de reconnaître les rapports du conglomérat avec les terrains tertiaires dont on voit quelques couches dans le fond de la vallée.

Le *Wolkenburg* est une montagne tout-à-fait voisine du Drachenfels qu'elle domine d'une centaine de pieds; elle a une forme trapèzoïdale fort remarquable, et présente un trachyte dont les caractères sont tout différens de ceux du Drachenfels : il est amphibolique, et présente très-peu de cristaux de feldspath; ceux que l'on peut y observer sont fort petits et presque toujours décomposés; les cristaux d'amphibole sont aussi en général petits et en forme d'aiguilles; cependant il n'est pas rare d'en trouver de la grosseur du pouce sur lesquels l'angle du clivage est bien sensible. La pâte de ce trachyte est d'un gris brunâtre, souvent rougeâtre : elle se décompose plus facilement encore que celle du Drachenfels, et sur les vieilles haldes on trouve des fragmens anguleux de trachyte qui font pâte dans la main. Il serait bien curieux de pouvoir observer le point de jonction de ce trachyte avec celui du Drachenfels qui est probablement d'une autre époque; s'il y a passage, ce passage doit être brusque, car il se fait dans une espace très-court qui malheureusement est couvert de blocs de rochers et de broussailles serrées.

Le trachyte qui fournit les meilleures pierres de construction est celui que l'on exploite au sommet du *Stenzenberg* : on y a ouvert des carrières vraiment gigantesques, qui donnent du travail à une grande quantité d'ouvriers. La roche est brune, renferme fort peu de cristaux de feldspath et se rapproche beaucoup de celle du Wolkenburg; elle est cependant bien plus riche en amphibole, et il est difficile de trouver un fragment un peu volumineux qui ne présente un gros cristal, et, souvent même, une réunion de cristaux confusément groupés autour d'un centre. A côté de la carrière principale on en trouve une autre qui est ouverte dans un trachyte très-poreux dont la substance ne forme plus aucun cristal distinct; mais entre ces deux variétés on aperçoit un passage facile à saisir. Ce trachyte présente dans sa disposition générale une singularité qui n'a, je crois, jamais été observée ailleurs. Au milieu de la masse, on trouve de vastes colonnes verticales de 50 à 60 pieds d'élévation, qu'on ne saurait mieux comparer qu'à des troncs d'arbre; le trachyte se délite en feuillets minces, et contournés autour de l'arbre comme une véritable écorce. A l'instant où nous avons visité la carrière, on observait très-distinctement trois de ces colonnes que les travaux avaient à moitié dégagées, et qui s'élevaient sur toute la hauteur de l'escarpement.

Les autres trachytes que l'on rencontre sur les montagnes se rapportent plus ou moins à ces trois types principaux.

Une montagne que je n'ai pas visitée, le *Lowen-*

burg, présente à son sommet une roche qui paraît être une dolérite: je ne sais s'il faut rapprocher sa formation de celle des trachytes ou de celle des basaltes, un examen fait sur un échantillon isolé étant loin de suffire pour la solution de cette question.

Une basse montagne au pied d'une montagne trachytique plus élevée, qu'on nomme *Klein Rosenau*, présente une roche fort intéressante qui a tous les caractères d'une véritable phonolite (*klingstein*); on y voit quelques cristaux, petits et assez mal déterminés, d'un feldspath vitreux un peu nacré, et çà et là des filets ou même des nids de quartz calcédoine blanchâtre. Des forêts très-fournies qui couvrent cette montagne empêchent de rien voir de l'allure générale de la roche; mais son étendue n'est pas considérable, et un trachyte blanchâtre, assez semblable à celui du Drachenfels, lui succède assez promptement et forme la montagne de *Rosenau*.

Le conglomérat de ces divers trachytes occupe en général le fond des vallées, et s'élève sur les pentes à des hauteurs variables, mais souvent assez considérables, notamment sur celles du *Petersberg*. On ne peut manquer d'être frappé des élémens de contemporanéité qu'il présente avec les trachytes qui lui ont donné naissance : au pied de chaque montagne, on reconnaît toujours dans le conglomérat une prédominance très-grande des élémens du trachyte de la montagne elle-même. Ce caractère rattache bien la formation du conglomérat à la formation de la montagne, et il est du reste assez saillant à cause des différences que présente presque toujours la roche d'une montagne à l'autre. Le conglomérat est quelquefois à grains très-fins, et l'on dirait une roche homogène. Ces caractères sont dessinés très-fortement dans le conglomérat qui forme une basse montagne nommée, je crois, l'*Ofen-Kulerberg*, et qui est exploité par des travaux souterrains poussés jusqu'au voisinage du trachyte sur lequel repose le conglomérat : ce point est extrêmement remarquable, car on y voit des filons de véritable trachyte qui percent et sillonnent en tous sens le conglomérat, et augmentent à mesure que l'on s'approche du point de contact. Le conglomérat est blanc, léger, et souvent tellement décomposé qu'en le serrant dans la main on lui fait perdre son apparence de conglomérat : il fait pâte, et devient une véritable argile.

Il serait fort intéressant de déterminer les rapports que le conglomérat présente avec les terrains tertiaires que l'on rencontre dans le fond de la vallée de *Niedermühle*; à quelque distance au-dessus du moulin, on aperçoit fort bien que le conglomérat recouvre les couches tertiaires, ou plutôt s'élève au-dessus d'elles, mais il est bien difficile de reconnaître précisément comment se fait la jonction. Dans le chemin qui conduit aux carrières, le conglomérat présente une schistosité bien déterminée, et entre les strates on trouve de fréquentes empreintes de feuilles de végétaux dicotylédons, caractère qui le rapproche bien étroitement des couches de molasse qu'on voit sur l'autre revers du torrent, et qui sont impressionnées de feuilles semblables avec une abondance extraordinaire. Il est naturel de penser que les terrains tertiaires se sont déposés après le soulèvement du trachyte, et que les causes qui les ont stratifiées ont agi en même temps sur les conglomérats qui formaient le bord du bassin. Ces couches tertiaires sont disséminées par lambeaux très-étroits, mais elles sont en relation avec les terrains si développés dans les environs de Bonn et de Cologne. Dans les vallées du Sieben-Gebirge, elles consistent principalement en conglomérats de gros cailloux de quartz blanc laiteux, unis par une pâte de grès très-dur, à ciment siliceux; dans d'autres points, notamment au *Queckstein* où sont les traces végétales dont j'ai parlé, elles consistent en un grès quartzeux à grains fins assez semblable à celui des environs de Paris, mais rendu très-schisteux par des accumulations de feuilles qui y ont laissé leurs empreintes. Ces grès sont traversés par d'abondants filets de quartz jaunâtre, rubanné, souvent de couleurs assez vives, (demi-opale).

Les basaltes sont postérieurs aux conglomérats trachytiques; en quelques points, ils se sont épanchés à la surface des terrains qu'ils ont traversés, en d'autres ils se sont contentés de remplir des crevasses qui ont longuement sillonné le conglomérat et même le trachyte. Ces filons de basalte sont très-souvent décomposés, ce qui empêche de les suivre facilement; car alors, à la surface, ils se confondent un peu avec le conglomérat. En d'autres points, ils ont conservé leur caractère; et la saillie qu'ils forment sur le conglomérat permet de suivre leur trace sans crainte de les perdre: on en a ainsi reconnu qui, sur une étendue de près d'une lieue, suivent imperturbablement leur première direction. Ils affectent tous une direction générale qui est comprise entre le N. et le N.-E.

Le chemin qui conduit aux carrières de l'*Ofen-*

Kulerberg présente, vers sa partie inférieure, un filon de basalte de 0^m,20 d'épaisseur environ, qui coupe le chemin obliquement et se retrouve sur l'autre pente de la vallée : en cet endroit il traverse le conglomérat et l'altère d'une matière remarquable. Le basalte est noir compact, et dans le centre ne paraît nullement décomposé ; mais, sur les bords et au contact du conglomérat, il prend une apparence véritablement trachytique, au point que sur un échantillon isolé il y aurait lieu à méprise. Le filon n'est pas nettement tranché ; on voit en quelques endroits le conglomérat prendre lui-même une couleur noirâtre comme s'il avait été, en quelque sorte, cémenté par le basalte; en d'autres, on voit de petits filets de basalte qui se promènent jusqu'à 2 ou 3 décimètres de distance du filon dans l'intérieur du conglomérat. Ne semblerait-il pas que le basalte a produit sur le conglomérat trachytique une véritable décomposition par la cuisson qu'il lui a fait subir, et que c'est là la cause à laquelle il faut attribuer la singulière apparence que présente le filon sur ses bords?

Un basalte noir, compact, en général riche en fer oxidulé, présentant quelquefois des péridots et quelquefois des zircons, se fait voir sur quelques sommets élevés, et couronne le trachyte et son conglomérat; le *Œlberg*, le *Leimerich*, le *Nonnen-Stromberg* et le *Petersberg*, présentent, avec quelques variations, cette disposition générale; mais malheureusement cette maudite végétation, favorisée sans doute par la facile décomposition des trachytes et par leur richesse en potasse, ne permet pas de constater un seul rapport précis : on ne peut qu'établir qu'à telle hauteur se trouve le conglomérat, puis le trachyte, puis le basalte. En montant au Pétersberg, sur la pente du midi, on passe immédiatement du conglomérat au basalte; mais sur l'autre pente on retrouve le trachyte avant le conglomérat; le basalte forme probablement un culot venu par une cheminée intérieure, qui ne s'est épanché que d'un seul côté jusqu'au conglomérat, parce qu'il coulait sans doute plus facilement sur une pente que sur l'autre.

Vers la limite septentrionale du Sieben-Gebirge, on rencontre une grande formation de basalte qui court à peu près parallèlement au Rhin, et forme une crête de près d'une lieue de longueur : son étendue et sa direction offrent quelque rapport avec ces filons de basalte dont j'ai déjà parlé, et dont il me semble qu'elle pourrait être considérée comme un cas particulier; elle s'élève à une hauteur bien moindre que les montagnes trachytiques, mais cependant elle forme une colline très-sensible que l'on nomme par allusion à sa forme le *Langenberg*. Le basalte qui la constitue est très-dur, très-résistant, et il est employé au pavage des routes : il est très-fréquemment caverneux, et alors, dans son intérieur, il présente de fort jolis cristaux de chaux carbonatée, ou même des faisceaux d'arragonite fibreuse. Mais la disposition générale qu'il affecte offre une singularité dont on trouverait, je crois, peu d'exemples; tout le Langeberg n'est qu'un fragment d'une vaste boule qui se délite concentriquement par rapport à un noyau globuleux qu'on voit dans une carrière située près d'*Ober-Cassel*. La carrière offre ce noyau avec toutes ses enveloppes sur une hauteur de plus de 100 pieds;

et au-dessus ou au-dessous dans la montagne, et latéralement à de grandes distances, on voit les strates du basalte présenter la même connexion autour d'un centre commun. Quelle cause a pu produire un pareil centre de contraction au milieu de la masse? ce centre n'a avec la forme générale de la masse aucun rapport géométrique; car on ne saurait croire que cette boule gigantesque ait jamais existé en entier. Il n'est pas inutile de faire remarquer que la courbure n'est pas celle d'une sphère, mais celle d'un ellipsoïde aplati.

Le basalte ne se présente guères en forme prismatique dans le groupe du Sieben-Gebirge; cependant vis-à-vis le Drachenfels, mais de l'autre côté du Rhin, une coulée basaltique qui se jette dans le fleuve présente au plus haut point la division prismée; et si je parle ici de ce basalte, quoiqu'il soit plus voisin des volcans, c'est qu'il me paraît bien plutôt en relation avec le Sieben-Gebirge qu'avec les volcans proprement dits. Les prismes ne sont pas groupés parallèlement, mais ils forment un énorme faisceau qui donne un aspect pyramidal à ce rocher que l'on nomme Rolandseck; ils se détachent aisément, et ils sont employés pour former les soutiens du parapet qui borde la route du Rhin; en outre on s'en sert fréquemment, quand ils sont quadrangulaires, pour former les marches des escaliers dans les coteaux où l'on cultive la vigne.

Eifel. Après ce coup d'œil de voyageur sur les accidens géologiques les plus saillans de Sieben-Gebirge, je reprends la partie de mes notes qui se rapporte au pays de l'*Eifel*. Le calcaire de transition forme, ainsi que je l'ai déjà dit, la base de toute la contrée; il alterne quelquefois avec de la grauwacke, et il porte d'autres fois des lambeaux de grès bigarré qui ne paraissent pas avoir entre eux de connexion bien suivie. Sa surface présente une accumulation assez considérable de montagnes coniques qui sont dues à des éruptions volcaniques. On en distingue un grand nombre qui offrent un cratère bien dessiné, et dont les contours sont peu altérés par le temps; d'autres, où le cratère est presque totalement détruit, et indiqué seulement par un léger enfoncement; et, dans quelques cas, on rencontre des coulées dont l'allure est bien plutôt semblable à celle des vrais basaltes qu'à celle des laves ordinaires, et qui semblent faire le passage entre ces deux formations. On trouve enfin des accidens de terrain très-remarquables, et qui par leur fréquence paraissent particuliers à cette contrée; ce sont de larges abîmes, de vastes enfoncemens qui ont toute la forme d'un cratère gigantesque, mais qui ne présentent point de lave et qui se sont formés, soit dans le calcaire, soit dans la grauwacke. Quelques-uns ont près d'une lieue de diamètre; on conçoit qu'ils doivent servir de réceptacle aux eaux du pays, en effet la plupart sont occupés par des lacs. La surface de ces entonnoirs est, en général, couverte d'un assez grand nombre de petites boules de scories volcaniques et de pyroxène, mais principalement aussi de fragmens de grauwacke fortement calcinés et arrondis sur leurs angles. Cette espèce particulière de cratère semblerait se rapporter à des éruptions purement gazeuses, qui se seraient fait jour en s'épanchant avec violence à travers le terrain. Il est à remarquer que ces accidens ont toujours lieu dans un voisinage assez immédiat de volcans à cratère, avec lesquels ils sont sans doute en connexion.

Les grands rapports que la constitution géologique de ce pays offre avec celle de l'Auvergne ne se continuent pas quand on compare l'apparence extérieure des deux contrées. Cette aridité, cette rareté de végétation, ce sol âpre et dépouillé, tous ces caractères rudes et sévères de la portion de l'Auvergne occupée par les montagnes du Puy-de-Dôme, sont sans analogues dans l'Eifel; au lieu de la nature morte, on y trouve la nature vivante. Une belle végétation couvre la terre, des forêts brillantes de verdure garnissent la pente des montagnes, et on suivrait les coulées rien qu'à voir la fertilité et l'éclat des champs qui les recouvrent : il n'est pas rare de trouver de beaux sillons jusque dans l'intérieur des cratères, et quelquefois un étang frais et limpide en occupe le fond. La facile décomposition des laves de l'Eifel a probablement produit ces avantageux résultats; peut-être aussi ces laves sont-elles plus riches en alcalis que celles de l'Auvergne : cette question mériterait d'être examinée. Malgré les faveurs que la nature a répandues sur l'Eifel, le pays est misérable et presque dépeuplé. La difficulté d'établir les communications dans les pays de montagnes, et les entraves qui en résultent pour l'agriculture, avaient porté les habitans à se vouer à l'industrie des pâturages. Les belles et nombreuses plantes qui croissent sur la lave convenaient parfaitement à l'éducation des troupeaux; les bœufs et les chevaux, bien que d'une taille peu élevée, comme celle de tous les animaux qui respirent l'air vif et raréfié des montagnes, avaient cependant une réputation bien établie; et ce commerce apportait dans la contrée une aisance suffisante à un peuple pasteur, simple, et éloigné de la communication et de l'exemple des villes. Les produits se répandaient principalement dans les départemens de la France qui avoisinent la frontière de l'Est, car la consommation de la rive droite du Rhin s'alimente à d'autres pâturages. Mais tout cela n'est plus; les événemens politiques, qui ont, dans ces derniers temps, changé les limites des nations, sont venus bouleverser la marche prospère qu'avait prise l'Eifel, et qui devait prochainement exercer sur la civilisation de ses villages une heureuse influence; nos débouchés ont été enlevés, et la misère est venue remplacer cette richesse naissante. Les villages se dépeuplent, beaucoup de champs qui paraissent avoir été cultivés autrefois sont abandonnés, et l'œil se promène souvent sur de vastes étendues de pâturages privés de troupeaux, et moissonnés seulement par les froids de l'automne.

Les diverses montagnes que présentent ces contrées étant indépendantes les unes des autres, je me contenterai de décrire quelques-unes des plus remarquables dans l'ordre où nous les avons visitées.

Les environs du village de *Dockweiler* présentent plusieurs formations volcaniques; mais aucun volcan à cratère bien distinct.

Une coulée basaltique très-étendue descend d'une montagne qui est à la droite du village, et vient s'étaler dans la vallée. C'est sur elle que le village est bâti, et elle se laisse suivre à la trace des gros blocs épars à sa surface. La roche qui la forme est compacte et noire dans sa cassure comme le basalte ordinaire, et l'on y trouve du pyroxène; mais elle se distingue par une texture caverneuse assez prononcée. Deux autres montagnes placées vis-à-vis l'une de l'autre, au-dessous du village, sont très-intéressantes par la qualité de la lave qu'elles renferment : cette lave est extrêmement dure et en même temps criblée, dans tous les sens, d'une infinité de trous et de cellules qui la rendent éminemment propre à la confection des meules, et assez semblable à celle des environs du lac Laacher dont nous parlerons plus bas. On y remarque une prodigieuse quantité de cristaux de mica, de couleur de brique; il n'est pas rare d'en voir de 2 à 3 centimètres de diamètre; tantôt ils sont opaques, et alors le clivage bien que distinct n'est pas très-facile; tantôt ils sont translucides et miroitans, et alors ils s'enlèvent en écailles ténues avec la plus grande facilité. On trouve aussi dans la lave des cristaux bien déterminés de pyroxène, mais ils sont beaucoup plus rares. Les carrières ouvertes sur les flancs de ces deux montagnes sont très-vastes, mais elles occupent fort peu de monde à cause de la difficulté des transports. J'ai représenté dans un de mes croquis une de ces montagnes que l'on nomme *Hohenfels*; elle est assez célèbre et peut servir de type pour les montagnes de lave, formées par une masse protubérante et sans cratère distinct.

Les montagnes de grauwacke semblent s'arrondir à quelque distance de cette montagne, et dessiner un de ces grands bassins volcaniques qui se rencontrent si fréquemment dans l'Eifel : cette cavité était autrefois occupée par un lac;

mais une tranchée ouverte à l'extrémité, à travers les bancs de grauwacke, a donné une issue aux eaux, le lac s'est desséché, et il est aujourd'hui remplacé par une immense prairie.

Les parois de ce bassin sont formées par des couches de grauwacke schisteuse très-dure, mais presque partout elles sont recouvertes par des couches de *rapilli* en petits fragmens, de scories, et d'autres déjections volcaniques de la nature de celles qui sont projetées dans l'air. Il est difficile de décider si ces nombreux produits doivent se rapporter à l'éruption du *Hohenfels* ; car bien qu'il en soit fort voisin, l'absence de cratère semble le mettre dans une classe à part ; et d'ailleurs à peu de distance il existe plusieurs volcans véritables, et l'on sait que les pluies volcaniques sont souvent chassées à de grandes distances. La question est d'ailleurs de peu d'importance, car il est probable que tous les volcans voisins ont coopéré, d'une manière plus ou moins active, à ce recouvrement par des rapilli. On peut suivre jusqu'aux pieds de toutes les montagnes ces couches de cendres qui forment un vaste manteau qui s'étend sur le sol en se moulant fidèlement sur ses moindres inégalités. Le peu d'altération que montrent ces projections dans la disposition qu'elles ont dû prendre lors de leur chute peut servir à fixer pour les volcans de l'Eifel une époque assez récente. Il est au reste facile de se convaincre, par un examen attentif, que ces couches de rapilli si bien stratifiées et si bien alternantes, n'ont pas été remaniées par les eaux : un fait, que nous avons été à même d'observer plusieurs fois, le prouve complétement. Lorsque quelque grosse boule ou quelque gros fragment se rencontre parmi les fines couches qui s'étendent uniformément sur le dos de la montagne, on les voit au-dessous de lui brusquement brisées, bouleversées et déjetées jusqu'à une distance plus ou moins grande, présentant en un mot un effet tout semblable à celui qu'occasionerait encore aujourd'hui parmi ces couches la chute d'un bloc pesant; ce n'est point ici une explication hypothétique, car si la chute n'avait pas eu lieu les faits ne pourraient être ainsi. Au-dessus du fragment les couches se reproduisent avec leur régularité habituelle, suivent d'abord son contour extérieur, puis finissent par rentrer dans la direction générale.

Pour mieux donner l'idée de ce genre de terrain, je joindrai ici les dimensions et les caractères d'une coupe prise en un point de cette succession de couches qui se répètent souvent sur une assez grande hauteur, sans offrir beaucoup de différences.

Cendres grises très-ténues, légèrement agglomérées.	$0^m,90$
Rapilli noirâtres fins.	$0^m,25$
Cendres mêlées de scories.	$0^m,40$
Fragmens de calcaire de transition et de scories, confusément mélangés.	$0^m,70$
Rapilli et cendres, disposés par rubans réguliers d'une hauteur de quelques millimètres.	$0^m,60$

Les cendres volcaniques sont souvent agglomérées assez solidement pour être exploitées comme pierres à four; cet effet est dû peut-être à la chaleur première, peut-être aussi au temps. Elles sont grises, fines, très-légères, se brisent aisément dans la main et s'égrènent par une pression un peu forte. La hauteur qu'occupe la série de ces couches de déjections est, comme on le sent, très-variable; la grêle de pierres ne suivait pas une grande uniformité dans la manière dont elle se répandait, et d'ailleurs, comme je l'ai déjà dit, souvent les produits de deux volcans ont pu concourir ensemble. On rencontre quelquefois dans les ravins des escarpemens uniquement formés de ces couches qui ont 30 à 40 pieds d'épaisseur; la hauteur verticale est incomparablement plus grande; et, si l'on ne prenait attention aux courbures de la stratification, on serait souvent tenté de croire que tout le pays est formé, sur une grande profondeur, par un dépôt puissant de ces scories.

Les parois du grand bassin, dont j'ai parlé tout à l'heure, présentent, au milieu des couches de rapilli dont elles sont revêtues, une abondance extraordinaire de péridot; on le trouve en général par boules de la grosseur du poing, mais souvent aussi ces boules sont beaucoup plus grosses que la tête, et quelques-unes ont certainement 2 à 3 pieds de diamètre. La surface des boules est rude et terne, mais l'intérieur est rempli d'un beau peridot vert clair, grenu, et se brisant si facilement, que malgré son abondance il est difficile de s'en procurer des échantillons, car sous le premier coup du marteau la boule tombe, pour ainsi dire, en sable ou en poussière. Dans un escarpement situé derrière le village de *Dreis*, on peut étudier commodément la disposition des boules au milieu des scories, et recueillir en même temps de fort belles collections. Le péridot est mêlé avec d'autres boules de pyroxène, d'amphibole et de mica noir; ces trois substances sont fréquemment associées dans les mêmes boules, et, les deux premières se mêlant pour ainsi dire à l'infini, il est fort difficile de les distinguer. On voit également au milieu des scories, des fragmens nombreux de grauwacke et surtout de calcaire; et, pour un géologue, cette rencontre a bien autant d'intérêt et de charme que celle des rognons de péridot et de pyroxène. Je me suis laissé aller assez volontiers à supposer que la présence si remarquable de ces divers minéraux sur les bords du lac de Dreis avait quelque rapport avec la formation de ce bassin, puisqu'on ne retrouvait rien de semblable dans les autres points du pays. Les environs de Dockweiler demanderaient au surplus une étude beaucoup plus approfondie que la nôtre, et, par conséquent, beaucoup plus de science et de temps que nous n'avons pu leur en consacrer.

On ne saurait, à mon avis, hésiter à placer un autre volcan qu'on observe près de Gerolstein parmi les points les plus intéressans de l'Eifel, si on ne veut point le considérer comme le plus remarquable.

Le calcaire de transition qui forme les montagnes qui avoisinent le volcan est stratifié assez régulièrement, avec une inclinaison de 25 à 30°; il renferme de nombreux fossiles, orthocères, productus, spirifer, trilobites, calcéoles, etc., et ne présente du reste, dans son allure ni dans sa nature, rien de particulier. Devant le village, et sur la rive gauche du ruisseau, s'élève une montagne remarquable : elle offre à sa base une forme circulaire un peu allongée, et se termine de toutes parts par de vastes escarpemens calcaires, presque verticaux, et entre lesquels on trouve seulement quelques passages en pente plus douce par lesquels on peut s'élever sur le sommet; ce sommet est formé par un plateau de 1 k. ½ de diamètre environ, qui présente, surtout du côté du vieux château de Casselburg, plusieurs sommités calcaires très-prononcées qui viennent faire saillie sur lui et rompre son uniformité. Au milieu de ce plateau, dans la partie la plus voisine du village, au S.-O. du vieux château, on aperçoit un enfoncement conique, en forme d'entonnoir, qui ne forme saillie à la surface du sol que par un seul de ses bords qui s'élève un peu en pointe. Cet enfoncement est un cratère; ses parois sont revêtues par une lave très-apre et très-poreuse, d'une couleur brun-grisâtre; et comme cette lave est d'une décomposition facile, elle a produit à sa surface une couche assez épaisse de terre végétale qui est labourée ou couverte de gazon. On peut cependant avec quelqu'attention suivre la trace de la lave, car elle forme à la surface quelques inégalités et quelques saillies où on la voit à découvert. On reconnaît alors que le trou qui s'est formé, au milieu des couches du calcaire de transition, a donné passage à une assez grande quantité de lave qui s'est répandue à la surface du plateau, et qui, après s'être avancée jusqu'à ses bords, s'est écoulée dans la vallée en formant plusieurs torrens qui ont descendu en cascades entre les murailles du calcaire. Le facile écoulement que la lave obtenait ainsi à mesure qu'elle arrivait de l'intérieur a été cause qu'elle n'a pas eu le temps de s'épaissir autour du cratère et d'y former ces lèvres proéminentes qui caractérisent en général ces sortes de productions. On ne voit de bourrelet qu'en un seul point; partout ailleurs la lave s'étale sur le plateau, puis tombe en cascade dans les rochers; la position particulière du cratère, sur une sommité, le mettait dans les mêmes circonstances qu'une source minérale qui ne forme point de dépôts parce que ses produits s'échappent rapidement.

La lave est assez constante dans sa texture spongieuse, sa cassure terne, sa couleur brune ou violacée; cependant dans un des courans elle prend une nuance un peu différente, devient moins spongieuse, et plutôt caverneuse, et renferme parfois un peu de péridot. Elle a produit sur le calcaire une altération extrêmement remarquable, et qui, en petit, est tout-à-fait la même que celle que M. de Buch a signalée dans les calcaires du Tyrol. Le calcaire au voisinage de la lave devient cristallin, grenu et dolomitique, et ces caractères sont d'autant plus tranchés qu'ils est plus voisin des courans. En même temps toute stratification disparaît; ou du moins, si l'on en voit des indices, ils sont si faibles qu'ils peuvent tout au plus servir à attester qu'elle a existé autrefois : la roche est traversée par de grandes fissures verticales qui donnent à ses escarpemens un caractère qu'on ne retrouve qu'en cet endroit, et souvent même elle forme des pics extrêmement élevés d'une forme semblable à celui que représente le premier plan du croquis. Dans l'intérieur d'un courant, celui où j'ai rencontré du péridot, j'ai observé un calcaire qui non-seulement avait perdu toute stratification, mais qui était devenu caverneux, contourné, et, en apparence, tout-à-fait semblable à une roche fondue, à une pâte tourmentée; l'intérieur était tapissé de petits cristaux de dolomie. Dans les parties éloignées du contact de la lave, même dans celles qui ont été probablement disloquées par la même cause qui a produit le volcan, mais qui n'ont pas été en communication directe avec ses produits (notamment sur les flancs de la montagne, entre Gerolstein et Rockerskill), le calcaire reprend dans les escarpemens sa stratification régulière, sa cassure compacte et tous les caractères qui lui appartiennent ordinairement dans ce pays.

On rencontre au N.-E. du cratère, mais à une assez grande distance, une formation basaltique sur laquelle repose le château de Casselburg; j'ignore quels sont ses rapports avec le volcan, ils sont séparés par un espace entièrement calcaire à la surface duquel sont disséminées des scories. Le basalte ne paraît pas avoir eu d'action chimique sur ce calcaire, et comme il se trouve tout-à-fait à la limite de la montagne, il est naturel de penser qu'il est antérieur aux dérangemens produits par le volcan : au reste dans l'Eifel plusieurs faits semblent établir une liaison de contemporanéité entre les laves et certains basaltes.

J'ai omis, en parlant des dolomies du bord du cratère, de mettre en saillie une différence importante qui existe entre elles et les dolomies du Tyrol; ici les nombreux fossiles que renfermait le calcaire sont demeurés distincts, et l'on peut aisément les recueillir dans les amas de débris qui recouvrent le pied des escarpemens. Cependant dans les parties fortement travaillées, comme celle dont j'ai parlé, il me paraît évident qu'on parviendrait difficilement à trouver des fossiles, car ils doivent certainement alors s'être fondus dans la masse.

Les environs de Daun sont particulièrement

intéressans par la présence de trois lacs de la nature de celui de *Dreis* dont j'ai fait mention tout à l'heure. Celui dont je donne le croquis et dont le nom est, à ce que je crois, *Gemünder Maar*, semble au premier aspect occuper le fond d'un cratère véritable, et produit une délicieuse impression par l'aspect de ses eaux fraîches et limpides, peuplées de troupes nombreuses d'oiseaux aquatiques et de poissons qui y vivent dans un repos que l'homme vient rarement troubler; les bords du cratère présentent des forêts qui garnissent presque tout son intérieur. La roche est une grauwacke assez solide, dont la stratification ne paraît pas très-altérée; comme si la trouée qui s'est faite à travers ses couches avait eu lieu par l'explosion d'une force soudaine. Le fond de l'entonnoir et tous les bords sont recouverts d'une grande quantité de petits fragmens de grauwacke cuits et d'une apparence souvent un peu vitrifiée, mais souvent aussi encore anguleux sur leurs bords; on trouve sur les flancs de la montagne, surtout en dehors du cratère, une assez grande quantité de boules irrégulières de lave poreuse, et d'autres boules de diverses sortes composées de pyroxène ou d'amphibole. Le diamètre supérieur de l'entonnoir peut être de 1 kil. environ, et sa forme générale présente assez d'analogie avec la trace que laisserait dans le sol une fougasse gigantesque.

Un autre lac beaucoup plus grand (*Weinfelder-Maar*) se trouve à 1k. de distance de celui-ci; il est placé à un niveau plus élevé sur le sommet de la montagne; sa forme est aussi bien déterminée; mais il n'est pas aussi pittoresque. Ses parois, qui sont beaucoup plus escarpées que celles du lac précédent, et trop rapides pour soutenir une aussi belle végétation, sont formées par une grauwacke toute semblable.

Le troisième lac (*Schalkenmehrener-Maar*) est placé dans la plaine et ne présente pas des caractères aussi tranchés que les deux précédens; une bonne partie de son contour ne présente aucune éminence et se continue à peu près avec le niveau de la plaine; il est inutile de dire que celui-ci donne naissance à un petit ruisseau qui emporte l'excès de ses eaux. Un village est bâti sur ses bords, et les prairies qui l'environnent lui donnent toute l'apparence de ces étangs que l'on rencontre si fréquemment dans certains pays au voisinage des habitations. Cependant l'analogie et les fragmens épars autour de ses bords semblent nous autoriser suffisamment à lui assigner une origine analogue à celle des deux précédens.

De véritables volcans existent certainement dans le voisinage de ces lacs, mais nous ne les avons point visités; nous nous sommes contentés des indices de leur proximité que nous ont donnés les nombreuses couches de rapilli qui couvrent le sommet des montagnes, surtout aux environs du second lac dont j'ai parlé, *Weinfelder-Maar*.

A *Gillenfeld*, à quelque distance de *Daun*, on trouve un volcan bien caractérisé, au pied duquel on aperçoit un lac tout semblable, fort étendu et placé au sommet de la montagne sur la pente de laquelle repose le village.

Je terminerai ce qui est relatif aux volcans de l'Eifel en parlant des volcans du *Mosenberg* qui sont situés à une lieue environ du village de *Manderscheid*.

En quittant Manderscheid, on se dirige vers

la montagne par une vallée très-étroite et à parois très-escarpées, qui s'est formée au milieu de la grauwacke. Elle débouche dans un vaste bassin conique, dont une moitié est occupée par un lac d'une demi-lieue de diamètre environ, et l'autre par un village (*Meerfeld*), des champs et des vergers. Le reste est formé par la grauwacke qui s'élève en rochers raides et hérissés jusqu'au sommet des montagnes. Ce bassin est de la même nature que ceux dont nous avons déjà si souvent fait mention; ses parois sont recouvertes çà et là de fragmens de grauwacke émaillés à la surface, et de quelques autres produits ignés; le lac est très-profond, et on ne sait point encore au juste à quelle profondeur il s'enfonce; c'est sans doute par cette sorte de trou conique que se sont échappés les gaz qui ont fait explosion.

Le Mosenberg domine une partie de ce bassin; il est assez élevé, et sa partie supérieure forme un vaste plateau sur lequel est bâti un beau village (*Bettenfeld*), entouré de champs d'une brillante richesse. Vers le milieu du plateau on trouve une butte conique peu élevée, au centre de laquelle est un cratère: son état de conservation est parfait: je n'en connais pas en Auvergne, même celui de Pariou, qui lui soit comparable pour la fraîcheur et la délicatesse des lèvres. Le fond est bien conservé et occupé par une mare pleine d'eau croupie, dans laquelle coassent quelques grenouilles. La lave est brune, poreuse et ne présente rien de particulier. Au S.-E. de ce cratère, pour ainsi dire en contact avec lui, on en voit un autre dans un état complet de ruine et de dégradation; ses lèvres n'existent plus que sur une petite partie de son contour, et encore sont-elles fortement endommagées : la lave qui le compose est en plusieurs points altérée et décomposée, et nourrit des arbres et des broussailles. En montant sur le bord méridional de ce cratère, on se trouve de nouveau au-dessus d'un troisième cratère qui est dans un assez bel état de conservation; son intérieur est rempli par une grande quantité de véritables scories volcaniques et de gros blocs de lave détachés : sa lave est rougeâtre, et on y voit de très-petits cristaux qui se rapprochent du mica rouge que nous avons observé dans les carrières de lave ancienne du *Hohenfels*; on y voit aussi du pyroxène; mais ces élémens sont rares et peu distincts. La lèvre de ce cratère est arrachée sur le côté, et une coulée de lave qui s'en échappe descend jusque dans la vallée, et forme en tombant une cascade si escarpée et si abrupte qu'il est bien difficile de se hasarder à la suivre. On éprouve un vif étonnement lorsqu'en accompagnant la marche de cette coulée on la voit tout à coup prendre l'aspect noir et compact du basalte, et même dans sa partie inférieure affecter très-sensiblement la forme colonnaire des vrais basaltes. La nature s'est-elle astreinte à des divisions tranchées dans la formation de ses produits ignés, ou plutôt entre les laves, les basaltes, les trachytes, et même les porphyres, ne s'est-elle pas réservé des passages? et alors peut-il être permis de vouloir classer d'une manière précise chacune de ces roches dans l'une des nos divisions artificielles?

Il est assez remarquable de voir trois cratères entassés ainsi les uns sur les autres, mais on n'est guère porté à penser qu'ils aient été contemporains. La différence que j'ai signalée dans la nature de leurs laves, et surtout la grande différence qu'ils présentent dans leur état de conservation, semblent l'établir bien suffisamment. Il y aurait quelque raison de croire que le cratère n°. 2 (celui du milieu) a été formé le premier; il n'est pas très-nettement tranché du cratère n°. 3, car la lèvre qui en est la plus voisine est commune aux deux volcans, et forme en quelque sorte une cloison mitoyenne; il semble même que cette communauté soit non-seulement superficielle mais intérieure; on dirait que la lave la plus récente a refondu la lèvre déjà solidifiée du volcan voisin, et que les parois des deux cratères se soient trouvés de cette façon unies et en quelque sorte amalgamées. L'état de conservation beaucoup plus parfait du volcan n°. 3, semble naturellement indiquer sa postériorité; les deux sortes de lave étant à peu près les mêmes et les sources en étant si rapprochées, il devient difficile de déterminer la superposition des courans; d'ailleurs le principal courant du n°. 3 s'échappe par l'échancrure dont j'ai parlé, et court dans une direction diamétralement opposée au n°. 2. Quant au n°. 1, il est certainement le plus moderne; outre la conservation intégrale de sa forme qui montre bien qu'il ne s'est jamais trouvé dans le voisinage immédiat d'un volcan en éruption, on peut observer son courant qui vient recouvrir en partie le cratère n°. 2; et sur le croquis j'ai esquissé sur le premier plan l'indice d'une éminence surmontée par la lave descendante, et qui sur le terrain m'a paru être une trace de la lèvre du cratère n°. 2. Au surplus, il est assez raisonnable de penser que ces trois volcans se rapportent à un même canal souterrain qui vient s'épanouir à la surface par trois embranchemens; on ne pourrait guère concevoir comment trois canaux si rapprochés pourraient se suivre dans une aussi grande profondeur sans se confondre : les trois cratères ne sont donc à proprement parler que les traces de trois éruptions successives d'un même volcan, dont les produits arrêtés à diverses reprises par les engorgemens produits dans la partie supérieure des canaux se faisaient jour par de nouvelles fissures voisines les unes des autres. Cette opinion devient encore plus vraisemblable lorsque l'on remarque que les trois cratères et le bassin du lac lui-même sont disposés en ligne droite ; cette ligne indiquerait peut-être la direction de quelque fente profonde.

Avant de terminer ce que nous avons à dire sur l'intéressante contrée de l'Eifel, nous dirons un mot d'une disposition toute singulière de basalte que l'on observe aux environs de Bertrich. Ce petit endroit de bains est situé à peu de distance de la Moselle ; l'étude de ses alentours qui présentent des volcans à cratère doit offrir beaucoup d'intérêt : mais nous n'avons pas eu le loisir d'y demeurer aussi long-temps que nous l'aurions désiré. Je me bornerai donc à quelques détails sur le basalte que l'on rencontre à l'entrée de la promenade des baigneurs. Ce basalte forme au milieu du thonschiefer des filons de 30 à 40 pieds d'épaisseur ; il est compact, non celluleux, et ne présente dans sa nature intime aucune particularité saillante ; mais la manière singulière dont il a été décomposé et modifié dans sa forme extérieure mérite d'attirer l'attention. Près de la grande cascade du jardin, on trouve une grotte, nommée *Käsegrotte* (la grotte des Fromages), qui est fort célèbre dans le pays par la bizarrerie de sa forme, et par la légende qui lui sert d'histoire. Cette grotte est taillée, ou plutôt détachée, à bras d'homme, dans l'intérieur d'un filon de basalte, et s'ouvre d'un côté sur le torrent qui se précipite dans les rochers; son intérieur consiste en une galerie bien alignée et bien régulière, formée de colonnes qui, au premier aspect, ont quelqu'analogie avec certaines colonnes torses de l'architecture de la renaissance: ces colonnes sont composées de boules de basalte de $0^{m},40$ de diamètre, un peu aplaties et posées d'aplomb les unes au-dessus des autres; la ressemblance générale qui en résulte avec un magasin de fromages régulièrement entassés, a valu à la grotte le nom rustique dont on l'a décorée. Cette décomposition du basalte en boules rapprochées de telle façon, que leur axe de révolution est toujours vertical et toujours aligné avec ceux qui le précèdent et avec ceux qui le suivent dans la même rangée, est digne d'exciter la surprise. Au voisinage de la ville on voit un autre filon de basalte dont l'étude éclaircit en partie la singularité de celui-ci; on voit alors en quelque sorte deux périodes dans le travail de décomposition qui a produit ces piliers si remarquables. D'abord le basalte affecte la forme de prismes triangulaires ou plutôt quadrangulaires, et c'est ainsi que se présente la masse vue à distance; mais en approchant on aperçoit des fissures horizontales qui partagent tous ces prismes par portions à peu près égales; la décomposition de la roche se produit surtout au voisinage de ces fentes; la substance se désagrège, les angles s'émoussent, et la masse arrive à prendre une apparence qui se rapproche de celle de la *Käsegrotte*; il me paraît possible que le basalte, en ce dernier point, ait commencé de la même manière à se diviser en prismes verticaux, et que plus tard la décomposition se soit graduellement opérée autour des centres situés sur les axes. Il n'est peut-être pas sans intérêt de remarquer qu'à la *Käsegrotte* la partie supérieure du filon, placée au-dessus des eaux du torrent, ne présente rien de semblable dans sa décomposition, et n'est pas même fissurée en prismes.

aacher. Autour du lac *Laacher* se montre un groupe de montagnes qui ne se rattache point directement à celui de l'Eifel, et qui aurait plutôt tendance à se rapprocher du Sieben-Gebirge. Il offre au minéralogiste de véritables laves volcaniques, mais il n'est pas possible de distinguer des cratères.

Le pays tout entier paraît avoir été soumis à une puissante action des eaux qui se serait produite postérieurement aux bouleversemens volcaniques, et qui aurait déposé sur la pente des montagnes des lambeaux tertiaires, et dans le creux de certaines vallées des alluvions considérables.

Je me contenterai de citer pour cette contrée quelques extraits fort succincts de mon journal de voyage.

Aux environs de *Niedermendig*, une coulée de lave donne lieu à des exploitations de meulière comme dans l'Eifel. La lave présente des caractères analogues à ceux de la lave du Hohenfels, et se rencontre, comme cette dernière, dans un volcan sans cratère; elle est préférée pour la confection des meules, parce que ses cavités offrent un tranchant plus dur. Dans les points où on l'exploite elle est recouverte par des dépôts d'alluvions sur une hauteur de 30 à 40 mètres.

La pâte renferme une assez grande quantité de cristaux d'haüyne, presque toujours petits et mal déterminés; on y trouve aussi un peu de pyroxène, quelques saphirs, et des boules souvent fort volumineuses d'une sorte de granite contenant les élémens, feldspath et quartz, et un peu de mica: ce granite est complétement blanc et grenu, et au premier abord on serait tenté de le confondre avec quelques variétés de meïonite du Vésuve.

Une sorte de promontoire, qui fait une petite saillie au bord du lac, offre une lave légèrement différente, et dont les caractères se rapprochent beaucoup plus de ceux des laves modernes; elle est brun-rougeâtre, extrêmement poreuse et spongieuse, et renferme beaucoup de cristaux de mica rouge, assez analogue au mica brillant du Hohenfels; nous avons en vain cherché une trace de cratère au milieu des épaisses forêts qui croissent sur cette roche. En côtoyant le lac on voit bientôt succéder à cette lave un véritable basalte qui pourrait bien être en connexion avec elle, car il est d'abord fort celluleux, et peu nettement caractérisé. Ce basalte repose sur la grauwacke, dont les escarpemens entourent le lac. Le rivage, surtout dans le voisinage du cloître, présente une grande quantité de boules de feldspath vitreux dans lequel on trouve des cristaux de pyroxène, d'haüyne, et même de sphène, mais ces derniers fort petits. Ces boules gisent à la surface et leurs relations directes ne sont point apparentes: elles paraissent devoir appartenir à quelque formation de l'ordre des trachytes. L'immense dépôt de conglomérat ponceux qui part des bords du lac Laacher, par la vallée de Brohl, pour aller rejoindre la vallée du Rhin, et dont les débris s'étendent jusque dans les plaines de Saÿn et de Neuwied, tendrait à confirmer cette idée sur laquelle le défaut de recherches nous défend d'appuyer.

La vallée de Brohl est creusée profondément dans une série de couches de grauwacke et de thonschiefer alternant par grandes masses. Un conglomérat ponceux, sans aucune apparence de stratification, la remplit presqu'en entier; le ciment est une argile provenant sans doute d'une ponce triturée; il est parsemé de fragmens de ponce blanche qui renferme fréquemment des morceaux de thonschiefer dans leur intérieur. On y trouve aussi des fragmens de thonschiefer isolés et des débris de branchages convertis en un charbon friable. La masse, postérieurement à son dépôt, a été fortement attaquée par les eaux qui en ont déposé les débris en divers lieux.

Les plaines de Neuwied sont couvertes de dépôts stratifiés de fragmens ponceux de la grosseur d'une noisette; ces dépôts sont à peine légèrement cimentés par une poussière argileuse qui ressemble au dépôt d'une eau boueuse, et les couches peu épaisses couvrent tout le pays en se moulant sur les moindres inégalités de la surface, comme ferait un manteau. Sur l'autre rive du Rhin, notamment à Niedermendig, des dépôts analogues, et dus sans doute à la même cause, occupent également la superficie, mais sur une épaisseur beaucoup plus grande; ils alternent par lits réguliers de 1 à 2 mèt. d'épaisseur, et renferment quelques coquilles d'eau douce; il est bien remarquable de voir constamment les ponces fines, et pour ainsi dire en poussière, occuper les parties inférieures et les fragmens aller en augmentant de volume à mesure qu'ils approchent de la surface; le dépôt est ordonné comme si les ponces avaient nagé dans les eaux avant de s'imbiber et de tomber au fond du bassin. Les dépôts stratifiés de la rive gauche sont les plus puissans, et les plus comparables aux alluvions agitées par les eaux; ils sont aussi les plus voisins par leur position des formations volcaniques non stratifiées; les dépôts étendus sur la rive droite sont plus éloignés des terrains qui ont pu être attaqués par les eaux, et sont aussi plus minces et composés d'élémens plus facilement flottables; il semble que les dépôts des deux rives se soient produits dans un même bassin qui était compris dans l'élargissement de la vallée du Rhin qui se trouve entre Brohl et Bendorff : le fleuve s'échappait peut-être au-dessus du barrage; et la cataracte, usée par le mouvement deseaux, ou détruite par les dérangemens volcaniques, aura donné lieu au desséchement du bassin et à la vallée actuelle.

Je n'insiste pas sur la comparaison entre ces dépôts de ponces et les dépôts de rapilli de l'Eifel; une analyse plus détaillée de leurs relations générales et de leurs caractères particuliers confirme cette différence d'origine que la présence des coquilles rend suffisamment évidente. Les uns sont dus suivant toute apparence aux eaux qui ont remanié le conglomérat massif de la vallée de Brohl; les autres aux chutes atmosphériques des matières projetées par les volcans. Mon intention, dans ce court extrait de mon journal, étant seulement de rendre compte de l'impression générale produite par une course rapide, j'omets une foule de particularités et de détails locaux qui ne s'accorderaient point avec le caractère propre à une esquisse de voyageur dessinée largement et à la hâte.

Je terminerai par une indication rapide des principaux phénomènes que produit encore aujourd'hui dans cette contrée l'action souterraine qui s'y est jadis exercée avec tant de puissance et d'étendue.

Les sources minérales sont fort abondantes dans l'Eifel; la plupart sont froides, chargées de quelques sels, et d'une grande quantité d'acide carbonique qui se dégage avec effervescence sous la pression atmosphérique; elles ont des propriétés semblables à celles de l'eau de Seltz, et sont employées aux mêmes usages, bien qu'il leur arrive parfois d'être beaucoup plus ferrugineuses. Elles ne font objet de commerce que dans les points où leur voisinage du Rhin ou de la Moselle rend leur transport peu coûteux; la fontaine de Tönistein, au sommet de la vallée de Brohl, est d'un rapport considérable; mais dans l'Eifel le produit des eaux est à peu près nul: dans ce pays les sources gazeuses sont tellement multipliées que sur un rayon fort étendu on rencontre peu de villages qui n'en soient pourvus, quelquefois même au détriment de l'eau commune qu'on s'y procure moins facilement. A Bertrich, sur les bords de la Moselle, on trouve des eaux minérales sulfureuses qui jouissent de propriétés médicales particulières, et on a construit près d'elles un établissement de bains peu somptueux mais fort agréablement situé.

Il existe dans les bois qui entourent le lac Laacher une source atmosphérique fort curieuse, et qui rapelle, quoique sur une échelle plus petite, la fameuse grotte *du chien*; c'est un dégagement souterrain d'acide carbonique, qui se fait jour silencieusement à travers le sol, et vient aboutir dans une espèce de fosse, de deux à trois pieds de profondeur, pratiquée dans la terre végétale au milieu des broussailles. Lorsque l'air est calme, la cavité se remplit presqu'uniquement d'acide carbonique, et il en résulte une asphyxie assez prompte pour les êtres qui viennent y respirer. Le fond du trou est couvert de débris; les insectes, et surtout les fourmis, y arrivent en grand nombre pour chercher leur nourriture; mais, privés d'air, ils y demeurent la plupart; et les oiseaux à leur tour, apercevant l'appât trompeur, volent vers le piège et y sont pris. Les bûcherons, connaissant fort bien cette manœuvre, visitent régulièrement l'endroit, et tirent profit de cette chasse dont la nature fait tous les frais.

Près du volcan de *Gerolstein*, on trouve une caverne qui donne issue à un courant gazeux plus remarquable encore : le gaz ne paraît pas différer notablement de l'air atmosphérique, car on le respire sans éprouver aucun embarras ; sa vitesse est assez grande, car, même hors de la caverne, on sent l'impression du vent qui en sort; il est froid et humide, et pendant tout l'été il dépose sur les parois de la grotte une couche de glace fort épaisse qui en tapisse toutes les parties, et produit des effets d'un éclat et d'une transparence auxquels on pourrait appliquer, sans trop d'exagération, la description généralement consacrée par les voyageurs de loisir aux grottes à stalactites. Pendant l'hiver le vent souterrain s'arrête, et la glace cesse de se déposer. La pente raide et le sol glissant rendent la descente assez difficile, et à une profondeur peu considérable, on rencontre un étranglement étroit qui empêche de pénétrer plus avant. Il me paraît bien évident que la température si froide de ce courant d'air, à l'instant ou il s'échappe du sein de la terre, est le résultat de l'expansion subite qu'il éprouve, et indique par conséquent un état de compression antérieur: ce phénomène est analogue à celui qui se passe dans la machine de Schemnitz. La présence dans l'intérieur de la terre d'un réservoir considérable d'air comprimé est un fait digne d'attention, et qui pourrait peut-être se rapporter à quelques cas particuliers de la théorie des puits artésiens. La suspension du courant pendant la saison froide tendrait même à faire croire que ce soufflet naturel est tout-à-fait analogue à une trompe hydraulique : des courans d'eau naturels, venant tomber dans les cavernes intérieures qui doivent être nombreuses dans ce pays bouleversé par les volcans, entraînent dans leur chute de l'air atmosphérique qui se dégage dans les réservoirs souterrains avec une compression dépendant de la profondeur, et remonte à la surface par les canaux qu'il rencontre; la caverne de Gerolstein ne serait alors autre chose que l'ouverture extérieure du tuyau de l'une de ces trompes.

J'arrête ici cet aperçu rapide de la géologie volcanique des bords du Rhin, ne voulant entrer ni dans l'analyse du détail, ni dans le développement des considérations générales, me souvenant que le journal dont ces fragmens sont extraits est un journal d'élève, et que le plus haut mérite auquel il pût prétendre consisterait à avoir attiré un instant l'attention des amis de la science sur un pays digne de leur intérêt et de leurs études.

Explication des deux planches IX et X.

Planche IX.

La *figure* 1 montre la disposition générale des cimes que présente la masse trachytique du Sieben-Gebirge. Ce relevé, quoique peu rigoureux, indique cependant avec une approximation suffisante l'irrégularité du groupe et l'indépendance mutuelle des montagnes. Je joins ici la série des noms sous lesquels on désigne ces diverses cimes dans le pays.

1 *Langenberg.*	7 *OElberg.*
2 *Stenzenberg.*	8 *Hirschberg.*
3 *Petersberg.*	9 *Drachenfels.*
4 *Nonnen-Stromberg.*	10 *Wolkenburg.*
5 *Rosenau.*	11 *Lehrberg.*
6 *Klein-OElberg.*	12 *Lowemburg.*

On trouve encore sur le Rhin, à une lieue environ au-dessus de Kœnigswinter et sur la même rive, un autre petit groupe dépendant du Sieben-Gebirge; il est en dehors des limites du croquis, et se compose de cinq montagnes, dont l'une, nommée *Hemerich*, est assez apparente.

La *figure* 2 représente le développement du tableau que l'on aperçoit en promenant ses regards sur les montagnes du haut du Stenzenberg : la projection est faite sur la circonférence qui limite le plan *fig.* 1. La surface du sol est entièrement recouverte par une riche forêt qui laisse à peine quelque place aux prairies dans le fond des vallées ; les seules cimes qui soient dégarnies sont celles du Wolkenburg et du Drachenfels; mais ces montagnes, si apparentes pour l'observateur placé sur les bords du Rhin, sont cachées au point de vue du Stenzenberg par la masse du Nonnen-Stromberg.

Fig. 5, 6. Deux des carrières les plus remarquables du Sieben-Gebirge. Celle du Stenzenberg est ouverte presqu'au sommet de la montagne, et les travaux en avançant découvrent de temps en temps des colonnes semblables à celle que représente le croquis ; ces colonnes occupent en général toute la hauteur de l'escarpement et se terminent quelquefois en s'évasant comme le tronc des vieux arbres. — La carrière du Langenberg présente une disposition générale en couches concentriques qui facilite singulièrement l'exploitation de pavés qu'on y a établie. Le noyau qui se trouvait précisément mis au jour lorsque je me trouvais sur les lieux, est situé, à peu près, à mi-hauteur sur la pente de la montagne.

Planche X.

La *figure* 1 représente la vue générale du plateau au milieu duquel est pratiqué le cratère de Gerolstein; les escarpemens à pic qui bordent le plateau sont composés de calcaire dolomitique ; à la droite, sont indiqués deux courans de lave qui se précipitent entre les rochers pour tomber dans la vallée qui forme le fond du paysage ; à gauche, les pentes paraissent uniquement composées de débris et de fragmens de la roche calcaire. Au reste, il y a partout une telle abondance de gazon et une telle épaisseur de terre végétale qu'il est difficile d'assigner exactement les limites de la lave. Le fond du cratère est cultivé et rempli de champs et de vergers dont la disposition, en forme de *cornet*, produit un effet fort pittoresque et fort original. L'étendue générale de la partie du plateau qui se trouve dessinée est de 1 à 2 kilomètres. — La *figure* 4, *pl.* IX, est une coupe de ce même volcan, sur laquelle sont représentés le filon basaltique du château de Casselburg, les petites éminences calcaires du plateau, puis l'enfoncement du cratère et l'épanchement de la lave. On voit que la stratification du calcaire reparaît aux environs du château.

La *figure* 2 est la vue de l'un des lacs volcaniques de Daun, prise de l'un des sommets de la circonférence. Les eaux n'ont aucune issue et pourraient encore s'élever considérablement avant de trouver un conduit pour se verser dans la vallée. On aperçoit dans le fond l'embouchure d'une courte et étroite vallée qui vient aboutir dans le lac.

La *figure* 3 représente les montagnes volcaniques anciennes du Hohenfels. Le sommet est un plateau à peu près horizontal, couvert de champs de blé, les pentes sont garnies de forêts et de vergers. Les carrières de meulières sont ouvertes à la gauche près du sommet, elles sont indiquées par un léger escarpement. Dans le fond on aperçoit le bassin de l'ancien lac bordé par les montagnes, et le premier plan retrace l'aspect ordinaire du sol lorsqu'il est mis à découvert.

FORMATIONS VOLCANIQUES DES BORDS DU RHIN. Pl. IX.

Développement des Montagnes du Sieben-gebirge vues du sommet du Stenzelberg. (2)

Plan du Sieben-gebirge (1)

Volcan de Gerolstein (4)

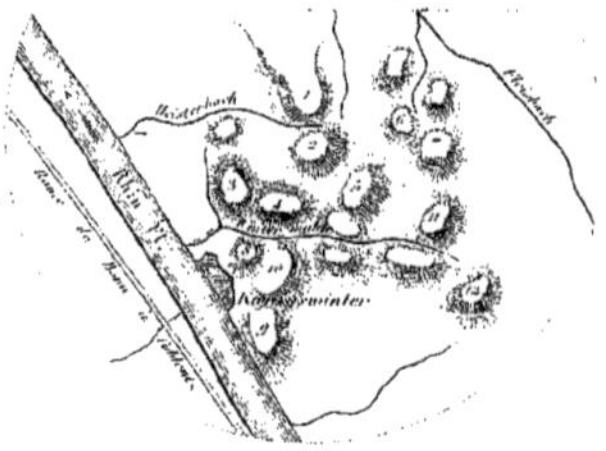

Volcans du Mosenberg. (3)

Carrière de trachyte du Stenzelberg. (5)

Carrière de basalte du Langenberg. (6)

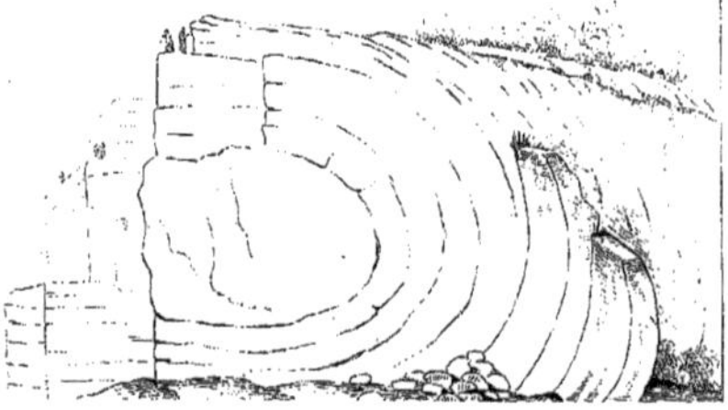

FORMATIONS VOLCANIQUES DES BORDS DU RHIN. Pl. X.

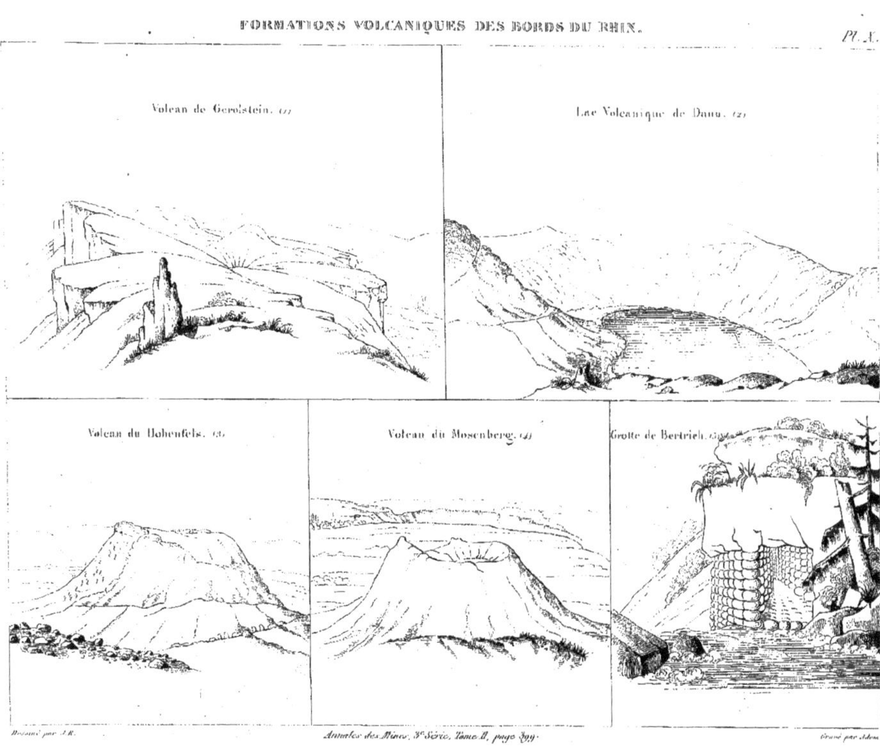

Dessiné par J.R.

Gravé par Adam.

www.ingramcontent.com/pod-product-compliance
Ingram Content Group UK Ltd.
Pitfield, Milton Keynes, MK11 3LW, UK
UKHW021528260726
13993UKWH00004B/1880

9 782329 172187